NOUVEAUX PROCÉDÉS

DE

TAXIDERMIE

EXPÉRIMENTÉS ET DÉCRITS

PAR

M. AMÉDÉE ALLÉON

MEMBRE DES SOCIÉTÉS ZOOLOGIQUE ET ENTOMOLOGIQUE DE FRANCE
ET DU COMITÉ INTERNATIONAL PERMANENT D'ORNITHOLOGIE

NOTICE

ACCOMPAGNÉE DE PLANCHES

EXÉCUTÉES SUR DES OISEAUX MONTÉS

PAR L'AUTEUR

PARIS

RORET, ÉDITEUR

12, rue Hautefeuille, 12

1889

NOUVEAUX PROCÉDÉS

DE

TAXIDERMIE

EXPÉRIMENTÉS ET DÉCRITS

PAR

M. Amédée ALLÉON

MEMBRE DES SOCIÉTÉS ZOOLOGIQUE ET ENTOMOLOGIQUE DE FRANCE
ET DU COMITÉ INTERNATIONAL PERMANENT D'ORNITHOLOGIE

———

NOTICE

ACCOMPAGNÉE DE PLANCHES

EXÉCUTÉES SUR DES OISEAUX MONTÉS

PAR L'AUTEUR

PARIS

RORET, ÉDITEUR

12, rue Hautefeuille, 12

1889

NOUVEAUX PROCÉDÉS

DE

TAXIDERMIE

> Infâmes empailleurs ! ils tuent tous les animaux
> qui habitent les forêts, les mers et les mon-
> tagnes, et ensuite ils les bourrent de chiffons
> et, leur mettent des yeux de verre dans la
> tête, ils disent : Regardez, voilà les créatures
> du Seigneur ! Comme si avec tous leurs pi-
> toyables artifices, ils pouvaient jamais égaler
> l'ouvrage de sa main.
>
> F. COOPER.

La routine a un attrait trop puissant pour que nous puissions
compter sur des lecteurs désireux d'employer les conseils que
nous nous permettons de leur donner dans cette notice. Aussi
n'est-ce pas dans le but de trouver de nombreux adeptes que cet
opuscule voit le jour, mais uniquement pour combattre les calom-
nieuses imitations qui s'offrent aux personnes naïves dans les
connaissances naturelles. En payant ce tribut à la vérité, nous
tâcherons donc de bien nous armer contre ces interprétations
fantastiques, fantaisistes et insalubres, qui parodient cette nature
si belle dans la sobriété de ses contours, de ses formes, et nous
dirons même, de ses sentiments.

En rendant à la taxidermie les hommages que lui valent ses
succès pour la conservation de précieux vestiges zoologiques qui
ont facilité le développement des études naturelles, nous eussions
aimé voir l'art se joindre plus fréquemment à ces découvertes
prophylactiques pour l'interprétation de la nature. Mais, le but
des hommes de la science a été, pour éclairer les études et diriger
le classement des espèces, la conservation des plumes, du poil et
des parties cornues. L'observation des formes anatomiques, dans

ses rapports avec la peau, a donc été négligée. Or, c'est là le côté artistique dont nous voulons parler. En effet, l'art a ici une grande importance même au point de vue scientifique, car la coloration et le facies dépendent souvent de la place qu'on assigne à la peau. La physionomie et la pose d'un animal ne sont pas moins essentielles, car elles conservent à chaque genre le caractère ethnologique qui lui est propre. L'étude longue et minutieuse de la nature est seule capable de nous renseigner sur ce point important. Reste à pouvoir, par les faibles moyens qui nous sont dévolus, reproduire plus ou moins fidèlement ce que nous voyons.

§ 1. — MÉTHODE ANCIENNE

En procédant d'après les méthodes recommandées par les manuels de taxidermie ou en usage chez les empailleurs, les résultats que l'on obtient peuvent tout au plus satisfaire l'amateur peu occupé de la nature ; mais, pour celui qui l'admire dans son harmonie parfaite, qui l'aime dans la superbe diversité de ses formes et de ses couleurs, qui recherche l'analogie existant entre les mœurs d'un genre et les caractères de sa physionomie et de ses attitudes, en un mot, pour celui qui possède l'amour de la vérité, les moyens généralement employés sont tout à fait insuffisants si non erronés.

Il est vrai de dire que quelques têtes de mammifères exposées par les naturalistes marchands sont parfois bien étudiées; mais ces recherches ne s'étendent, pour ainsi dire, jamais aux autres parties du corps. Elles restent l'apanage des décapités.

Les oiseaux sont encore plus négligés si c'est possible, soit que leurs formes étant moins accusées, il semble facile de les reproduire sans les respecter, soit qu'on prenne leur plumage pour un couvre-misère. On comprend un peu cela de la part des marchands peu soucieux d'imiter la nature ; ils ne cherchent qu'à satisfaire le chasseur, qui, désireux de conserver un souvenir de ses exploits et n'ayant contemplé sa victime qu'au point de vue de la destruction, s'est hâté de la leur porter avec recommandation d'en faire ressortir les proportions en dépit du Créateur. Au bout de quelques jours, le sujet est monté. C'est souvent un oiseau de proie, une buse, cette assidue des campagnes françaises. La pauvre bête est méconnaissable : ses attributs de buse lui sont enlevés, elle ne ressemble à aucun oiseau, car rien n'est plus à sa place. La voilà menaçante comme une harpie, les pattes coudées comme un passereau, la tête comprimée comme une poule, doublée de volume, allongée, élargie. Si elle a les ailes ouvertes, car l'envergure à un puissant intérêt, elles sont étendues outre mesure. En tous cas, les pattes sont tirées jusqu'à dislocation, le squelette n'étant plus là pour réprimer l'ardeur de l'empailleur. L'arcade sourcilière a disparu derrière un gros œil qui l'a recouverte ; de la ressemblance de cet œil, il n'en saurait être question, car la couleur est très approximativement choisie sans compter que les émailleurs ne sont pas très scrupuleux sur les nuances et qu'ils étendent l'iris aux dépens de la prunelle toujours trop petite, altérant ainsi la physionomie de l'oiseau ; mais, que sont les pailles lorsque les poutres passent inaperçues ! Pourvu que toute trace de sang ait disparu, que les plumes soient bien lissées, voire même arrachées et recollées si elles sont devenues réfractaires par un tampon de bourre inopportun, le chasseur sera ravi : qui lui ferait croire que la nature est capable d'imiter son empailleur !...

Que l'opération ait lieu pour un ami de la science, et, pas plus que le précédent, il ne se montrera exigeant. Peu gâté par les ouvrages d'histoire naturelle, dont les planches sont généralement faites sur des peaux mal préparées, et tout occupé de la distinction des espèces par les proportions respectives des parties caractéristiques, si son oiseau est d'aplomb, la tête haute, les membres découverts et distendus, le socle bien uni pour y inscrire le sexe, la date et les mesures de la chair, ce savant, content d'une telle préparation, n'est pas artiste, il n'est même pas admirateur de la nature vivante, puisqu'il n'en cherche les secrets que sur la mort et qu'ils suffisent à le satisfaire. Voilà donc le marchand, qu'il ait affaire à un chasseur ou à un amateur, dégagé de tout souci et de toute responsabilité vis-à-vis de la nature qu'il ne connaît pas et de son client qui l'ignore comme lui.

On peut, il est vrai, par une très grande habitude arriver à une certaine ressemblance pour les espèces très connues, mais on ne sera pas longtemps à s'apercevoir, par l'examen d'un modèle vivant, combien cette ressemblance est imparfaite et n'est due souvent qu'à l'exagération des caractères saillants, ce qui fait de l'oiseau une vraie caricature.

Nous nous permettrons ici de citer le paragraphe d'une correspondance adressée par M. Louis Olivier à la *Nature*, Revue des Sciences, et consignée dans son numéro du 5 juin 1880.

« Dans la plupart de nos musées le soin de monter les peaux est confié à des employés ignorants : ces pauvres gens ne savent que les rembourrer. Demandez-leur de rendre l'attitude vraie, l'apparence de la vie, jamais ils n'y parviendront; car le plus souvent ils n'ont vu que morts les mammifères ou les oiseaux qu'ils doivent préparer. Habitat, régime, instincts, mœurs, organisation, port même, tout cela leur est absolument inconnu. Aussi que de poses grotesques et d'allures ridicules frappent l'œil du naturaliste dans nos grandes collections nationales ! Ici c'est une pie qui trouve le moyen de projeter sa langue au dehors tout en ramenant sa tête dans ses ailes; là un torcol qui semble vouloir imiter un courlis ; ailleurs une huppe sur le point de devenir pigeon. J'en passe et des pires. »

Au surplus, l'oiseau pèche toujours d'ensemble. Ainsi, telle partie qui est relativement bonne, l'est au détriment de telle autre sur laquelle on a triché. L'observation assidue et rigoureuse de la nature, est, nous ne saurions assez le répéter, le plus sûr moyen de réussir. Cette expérience acquise, il nous reste à parler des moyens mécaniques, que la pratique, bien plutôt que la méthode, nous a enseignés.

§ 2. — MÉTHODE NATURELLE
Des formes

Nous nous occuperons d'abord de la manière d'obtenir les formes et ensuite de la pose. Disons tout de suite que le procédé le plus sûr, pour arriver à la vérité, est de laisser le squelette qui, en retenant la peau par la tête, les ailes, les pattes et la queue, conserve les proportions, la grosseur, la convexité et la possibilité de remettre la peau à sa place en s'aidant des parties en retraite et en saillie. L'avantage de pouvoir être certain de la hauteur des épaules et des pattes plutôt que de se baser sur une peau élastique sont bien à considérer. Un autre point non moins essentiel est de conserver à la tête son attache sur le cou, et enfin les courbes de cette dernière partie qui ne sont plus données par le fil de fer mais qui sont dirigées par les vertèbres cérébrales selon la conformation de chaque oiseau. Il est indispensable de bien considérer le corps d'un oiseau avant de le dépouiller de ses chairs, afin de les remplacer par la filasse aux places et dans la mesure voulues. Il est vrai que l'opération qui consiste à dégarnir la carcasse de ses chairs est un peu longue et parfois très sale, mais l'amateur de la nature est généreusement récompensé par les résultats obtenus au montage et la facilité d'arriver à ses fins. Il est très utile, avant de dépouiller l'oiseau, de prendre la mesure de la queue par rapport au bout des ailes. Cette précaution est avantageuse pour les oiseaux de toutes les tailles, car, dans les petits, les ailes privées de leurs muscles tendent à remonter vers le cou, et dans les grands, au contraire, le volume et le poids de ces membres les entraînent vers la queue.

Lorsque l'oiseau est débarrassé de ses chairs, la première opération consiste, si l'on a conservé le squelette, à repousser la peau, en la remontant, au fond de la cavité triangulaire située entre l'humérus et les vertèbres dorsales. De cette façon, les scapulaires en reprenant leur place habituelle ne seront jamais trop saillantes, les plumes s'imbriqueront naturellement et les ailes se trouveront suffisamment remontées vers le dos. Si le squelette a été retiré, ce qui est toujours très fâcheux, car on sape toutes les bases, on a recours à un moyen factice pour faire rentrer les scapulaires. On saisit, après avoir couché l'oiseau sur le ventre, la peau du dos entre l'épine dorsale et l'humérus, comme on soulève un chat, on rapproche alors les scapulaires. Une fois ramenées suffisamment pour être bien recouvertes le long de leur partie interne par les plumes garnissant l'arête de la peau soulevée, on pince les deux côtés de cette peau en les faisant adhérer et on les fixe par un bout de fil passé au moyen d'une aiguille. Le but de cette opération est non-seulement de réduire la largeur des épaules mais d'empêcher la bourre de se placer dans cette partie de peau destinée dans l'oiseau en chair à être libre et à retomber sur l'arête dorsale. C'est en négligeant ce procédé que s'est produite l'erreur qui consiste à accorder des épaulettes blanches aux aigles bottés. Sur l'examen de mauvaises préparations, les auteurs ont donné de l'importance à un caractère pour ainsi dire nul, car, dans l'oiseau vivant, ces plumes blanches sont cachées par celles du dos et ne sont guère plus apparentes que le duvet.

On passe le fil de fer des pattes puis celui qui traverse le cou

qu'on introduit (car nous nous occupons ici des oiseaux montés avec leur squelette) dans la partie de l'épine dorsale où commence la flexibilité des vertèbres cervicales auxquelles il doit obéir. On remonte ainsi le canal de la moelle épinière en débouchant dans le crâne par lequel la pointe saillit. On passe un autre fil de fer dans les vertèbres coccygiennes en le faisant ressortir par le croupion, pour obtenir que la queue accompagne bien les ailes car, dans tous les oiseaux la queue se relève légèrement de manière à rejoindre les ailes qui s'appuient dessus. C'est encore une des nombreuses erreurs des empailleurs d'abaisser la queue, comme si les parties postérieures des oiseaux présentaient les qualités des articulés. Ensuite on réunit tous les fils de fer dans la cavité abdominale et on les tord ensemble. Le succès d'un oiseau dépend, en majeure partie, de la manière de remplacer les chairs par la bourre ; aussi ne saurions-nous assez insister sur la nécessité de bien observer l'oiseau avant le dépouillement, de manière à n'augmenter ni diminuer son volume et surtout à empêcher la bourre de se mettre aux places où l'oiseau présentait des dépressions, ce qui, en détruisant les formes et en altérant par conséquent le plumage, emploierait la peau au dépens des parties où elle est destinée à recouvrir des protubérances charnues. Si l'étoupe était placé sur les flancs, les côtés de la peau ne pourraient plus se joindre sur l'arête du sternum à la hauteur duquel les chairs de la poitrine doivent s'élever. L'oiseau n'aurait plus alors sa convexité. Il est beaucoup mieux, pour éviter cet inconvénient, de n'introduire l'étoupe pour former les côtés de la poitrine qu'à mesure qu'on recoud l'ouverture. Par ce système, on est, en même temps, plus sûrement dirigé pour la quantité de filasse à employer. Il y a moins de précautions à prendre pour les parties postérieures de l'oiseau où l'on peut, sans crainte, bourrer tout l'espace resté libre entre les os et la peau. Pour mettre les pattes à leur place, il n'y a qu'à les remonter autant que le squelette s'y prête, mais il faut avoir soin de laisser les fils de fer assez longs dans le corps pour ne pas gêner ce mouvement. Il est nécessaire de ne pas employer de fils de fer trop gros, car ils s'opposeraient aux mouvements des os. On peut, pour fixer plus facilement les ailes des gros oiseaux et avoir un point d'appui, tout en conservant une certaine liberté d'action, passer un fil de fer proportionné à la taille de l'oiseau entre le radius et le cubitus, dont la pointe pénètre dans le corps et qui, après l'avoir traversé, ressort entre le radius et le cubitus de l'autre aile à la même hauteur.

Si l'on veut opérer sans le squelette, malgré les avantages inappréciables qui en résultent, comme nous avons essayé de le démontrer, mais qui ne peuvent ressortir clairement pour qui manque d'expérience que par la comparaison des oiseaux montés avec la nature vivante, si l'on veut, disons-nous, obtenir un oiseau relativement acceptable, il faut, avant le dépouillement, prendre exactement la mesure de la longueur de l'oiseau du bout du bec à l'extrémité de la queue. Lorsque l'oiseau est prêt à être monté, après avoir pincé la peau entre les épaules, comme nous l'avons expliqué, il faut passer les fils de fer aux pattes, puis celui qui traverse le corps sur lequel le cou aura été préalablement fait par de la filasse enroulée, et l'on fera ressortir la pointe par le crâne au niveau de l'angle postérieur de l'œil, pour empêcher le cou de venir s'implanter sous le bec et pour arriver à donner à la tête la longueur qu'elle doit avoir. (Voyez planche XIV.) Ensuite on tord les fils de fer, on introduit l'extrémité de celui qui traverse le corps dans le croupion et l'on soulève l'oiseau de la main gauche en le saisissant par les pattes, de manière à faire pocher la peau du dos qu'on bourre bien serré pour donner l'ampleur nécessaire aux hanches, aux côtés de l'abdomen et au sacrum. Ceci fait, on courbe les pattes de façon à les ramener à la hauteur voulue. En général, le genou doit venir au niveau de l'anus. Dans les oiseaux dépourvus de squelette, puisque c'est de ceux-là que nous nous occupons maintenant, il faut bien se garder d'attacher les ailes, afin d'être absolument libre de les placer selon la conformation de l'oiseau et sa pose lorsqu'il sera monté. Dans l'article relatif à la pose, nous reparlerons de la place des ailes par rapport à l'attitude de l'oiseau. Lorsque la première courbe du cou est donnée, on appuie dessus de manière à resserrer l'S pour empêcher une trop forte saillie du cou sur la poitrine. Par ce moyen, on acquiert plus de vérité d'ensemble dans l'oiseau et de facilité pour remonter la peau.

Après avoir bourré la poitrine en tassant l'étoupe, sans toutefois dilater la peau, on coud l'ouverture en commençant par le bas de manière à toujours remonter la peau. Une fois l'oiseau sur son perchoir ou socle, on fixe les ailes en prenant pour base de leur hauteur la différence que présentait l'oiseau en chair du bout des rectrices à celui des rémiges. Il arrive souvent, comme nous l'avons dit, que dans les oiseaux d'une certaine taille, les ailes, une fois les muscles enlevés, reculent vers la queue, et quelques efforts qu'on fasse pour les remonter vers le cou de manière à rentrer dans les mesures de la chair, le squelette ne s'y prête pas. Ce n'est pas la plupart du temps dans la partie haute de l'aile qu'il faut chercher la cause du trop de longueur de l'aile par rapport à la queue mais dans l'aileron qui, dépourvu de ses muscles, se place trop horizontalement et prolonge ainsi les rémiges. Il faut, pour corriger cette imperfection, appuyer d'une main sur l'aile et de l'autre repousser l'aileron vers la poitrine et le fixer. Cette opération a un double avantage : car, non seulement on retrouve les proportions, mais on rend à l'aile l'ampleur et la rondeur qu'elle possédait lorsque l'oiseau était en vie, surtout quand il est représenté au repos ; c'est-à-dire dans une attitude verticale, car alors l'aileron s'incurve, et, tandis qu'il est poussé sur la poitrine, la poignée de l'aile remonte vers le dos. Dans ce cas, les coudes des ailes ne se rapprochent plus autant l'un de l'autre et la convexité du dos se trouve par cela même atténuée. La place des ailes déterminée, ainsi que nous venons de l'expliquer, comme la poignée de l'aile accompagne toujours l'humérus contre lequel elle s'appuie, il est aisé de savoir pour les oiseaux sans squelette, où doit se produire la première courbe du dos à sa base.

C'est maintenant que nous avons à nous occuper de la place de la peau : on remonte d'abord celle du dos, de manière qu'elle accompagne exactement la cavité formée par la première courbe, en adhérant à la filasse ou aux vertèbres cervicales, selon que l'oiseau est monté avec ou sans la carcasse, puis on remonte le reste vers la tête. On doit répéter la même opération sur la partie antérieure du cou après avoir appuyé le doigt au bas du cou pour former la cavité plus ou moins grande, selon les espèces, qui doit exister dans la fourchette formée par les deux clavicules et recevoir le premier anneau de l'S. S'il s'agit d'un oiseau de proie, on réunit dans cette cavité une assez grande quantité de peau dont une partie de l'excédent est échelonnée sur le cou et l'autre doit servir à donner à la tête tout son développement. Il est bien entendu toutefois que si l'on représente l'oiseau repu, une partie de cette peau doit servir à contenir la nourriture entassée dans le jabot. Il faut dans ce cas que ce soit un peu au détriment du cou et de la tête. Pour qu'un rapace conserve le caractère qui lui est propre, il faut que le vulgaire puisse le prendre pour un oiseau de nuit. L'ampleur de la tête, produite, non par la bourre, mais par la peau, est si nécessaire et si essentielle chez les oiseaux de proie principalement, qu'une dame qui avait eu un faucon vivant cherchait son oiseau parmi ses congénères de la collection d'un de nos amis. Elle venait de passer la revue d'une série de hobereaux sans pouvoir leur assimiler le sien, et ce n'est qu'en apercevant un de ces rapaces monté d'après notre système qu'elle s'est écriée : « Voilà enfin le faucon que j'avais élevé. »

De tous les oiseaux, celui qui peut nous fournir la meilleure preuve de ce que nous avons observé relativement à la peau du cou et de la tête est le vautour en général, à cause des places nues que présentent ces parties, mais tout spécialement le vautour arrian, chez qui les nudités du cou sont presque toutes recouvertes par les replis de la peau. De même que chez tous les oiseaux, la peau remonte par plis échelonnés du cou vers la tête en se ramassant sous les machoires, de telle sorte que, l'arrian étant vu de face, les petites plumes filiformes et retroussées qui garnissent le devant du cou doivent rejoindre les soies raides qui recouvrent le menton ; s'il est vu par derrière, les plumes de la fraise implantées sur un repli de peau destiné à remonter comme le collet d'un vêtement, doivent toucher le duvet laineux de la calotte, qui elle-même surmontera le crâne sans descendre jusqu'à la nuque, à la façon d'une casquette portée sur le front. En un mot, l'oiseau ne doit pas laisser voir d'autre nudité [qu'un petit espace derrière la tête et la partie postérieure des machoires, tandis que, dans la plupart des collections, l'arrian nous montre un long cou dégarni, une fraise rabattue comme une collerette de mousquetaire et une calotte lui préservant la nuque comme à un donneur d'eau bénite (Voyez planche I). Nous le répétons, la nécessité de remonter la peau vers le cou et la tête s'adapte à tous les oiseaux sans exception. Nous n'avons pris l'exemple du vautour arrian que parce que cet oiseau est le plus apte à faire ressortir la vérité de notre argument par la disposition de ses plumes, qui, se trouvant à la base et au sommet des parties nues, se rejoignent de manière à les dissimuler complètement. Après avoir bien démontré l'utilité de mettre la peau d'un oiseau à sa place et avoir parlé des formes, nous allons nous occuper des poses.

Des poses

Tous les oiseaux ont deux poses principales dont les autres dépendent et sont les intermédiaires ; la pose verticale qui est celle du repos et la pose plus ou moins horizontale qui représente ou précède le mouvement. Dans la première, les pattes sont parallèles au corps et recouvertes par les plumes de l'abdomen jusqu'aux tarses ou aux doigts, d'après les espèces. Pour obtenir cette pose, il faut, avant de percher son oiseau et après avoir remonté les pattes autant qu'elles doivent l'être, faire ressortir la cuisse du haut et reculer le genou vers le croupion, de manière à ce que les deux tibias emboitent en quelque sorte l'abdomen. La queue ne peut ni ne doit alors s'étaler, les ailes remontent sur le dos, l'aileron, comme nous l'avons déjà dit, doit être poussé en avant et les grandes rémiges encadrer l'oiseau et arriver jusqu'au perchoir, pour les rapaces et certains passereaux, et presque aux genoux, pour les grands échassiers tels que grues, cigognes, hérons. Elles sont souvent recouvertes en partie par les rémiges secondaires qui s'étalent en éventail en se rejoignant sur le dos. Vu ainsi de profil, le corps de l'oiseau doit presque disparaître et les doigts ou les tarses être seuls apparents selon qu'il s'agit de rapaces et de passereaux ou d'échassiers. (Pl. II, III, IV.)

Dans la seconde pose, qui n'est plus celle du repos, les cuisses sont en partie visibles, car elles ne deviennent tout à fait saillantes qu'au moment où l'oiseau va prendre son vol ou se mettre en marche. Alors s'abaissent les coudes des ailes dont les extrémités se relèvent pour laisser à la queue la possibilité de s'étendre. (Pl. V, VI et VII.)

Nous ne parlerons pas des poses intermédiaires qui participent plus ou moins de l'action ou du repos. Il en est de même pour tous les ordres d'oiseaux, notre système leur étant applicable quoique dans ceux qui ne perchent pas, tels que certains passereaux, échassiers et palmipèdes, ces distinctions soient moins accentuées. Nos planches VIII et IX feront apprécier les proportions dans lesquelles notre système doit être appliqué aux différents ordres.

OBSERVATIONS GÉNÉRALES

Il faut toujours avoir soin que la filasse soit bien pressée en dessus, en dessous, et surtout endehors des fémurs, sur les côtés et le long du sternum, afin qu'aucun vide ne puisse se produire, qui permette à la peau de se rétracter au moment de la dessiccation.

Chez les échassiers et les passereaux, les pattes sont généralement rapprochées du genou et les pieds écartés. C'est le contraire dans les rapaces dont les tarses sont toujours plus ou moins bancals. Chez tous les échassiers et les gallinacés la partie du sternum qui se prolonge entre les cuisses doit être garnie de manière à bien saillir et empêcher celles-ci de paraître trop sorties; l'oiseau acquiert ainsi sa physionomie. Lorsqu'un échassier est en action, le tibia suit le mouvement de l'abdomen et le tarse forme une ligne diagonale. Il faut que l'articulation soit suffisamment fléchie pour que, lorsque l'oiseau marche, la patte avancée vienne tomber en ligne droite au-dessous de la gorge. (Pl. X et XI.)

Avant de dépouiller un fuligule, il faut prendre la mesure de l'écartement des pattes, qui est très considérable dans les espèces à grandes palmures.

Pour les oiseaux dont la peau des tarses offre peu de solidité, il est souvent prudent de pratiquer une incision à la plante du pied. On en retire alors avec une alène ou un poinçon les nerfs qui, en se refoulant au passage du fil de fer, risquent de faire éclater la peau.

On peut, lorsqu'un oiseau est terminé, bourrer les parties charnues de la tête et de la nuque par les yeux ou par une incision pratiquée derrière la tête ; c'est selon la grandeur et la conformation de l'oiseau.

Il est bien de ne bourrer que le haut des jambes des petits échassiers et des lariens et de passer les fils de fer des pattes de bas en haut, pour empêcher la peau de descendre sur les tibias, ce qui leur donnerait l'air d'avoir perdu leurs jarretières et enlèverait au bas de la jambe la finesse qu'elle doit avoir, en empêchant les plumes d'adhérer au tibia et en les prolongeant vers l'articulation. Il faut, pour éviter cet inconvénient, très défectueux dans les petits échassiers et dans presque tous les palmipèdes, arrêter la peau autour du fémur par un point de fil, pour empêcher celle qui doit contourner la jambe de pocher sur le tibia.

On entend toujours dire que les palmipèdes, à partir du genre canard jusqu'aux plongeons et grèbes, en passant par les puffins et les alques, ont leurs jambes placées de plus en plus à l'arrière du corps. C'est une erreur ; car le genou est fixé à la même hauteur par rapport au sternum que dans les autres oiseaux, quand les pattes sont mises à leur place. On peut même dire que la soudure des pattes avec le corps rend leur recul presque nul. De cette organisation il résulte que le corps ne peut pas être horizontal et les jambes s'en détacher perpendiculairement ; elles restent donc parallèles au corps et ne peuvent fléchir qu'à partir de l'articulation tibio-tarsienne.

Beaucoup de genres ont leur diminutif : ainsi, le thalassidrome est, anatomiquement parlant, par rapport au puffin, ce qu'est la mouette pygmée pour les grosses mouettes et le cormoran pygmée pour ses congénères. Il est vrai qu'en leur qualité de nains, leurs contours sont moins accusés et partant moins déliés, représentant des formes rudimentaires et pour ainsi dire enfantines, mais leur organisation reste la même et conséquemment leur pose. Les puffins et les thalassidromes suivent les cormorans et précèdent les alques pour la soudure des jambes. L'articulation tibio-tarsienne peut s'écarter du corps d'un ou de deux centimètres, mais le tarse doit être très fortement replié de façon que la poitrine soit à quatre ou cinq centimètres de terre seulement. Sans cette flexion des pattes, l'équilibre ne saurait exister. (Pl. XIII.) C'est ce qui arrive aux thalassidromes, puffins et albatros empaillés par les préparateurs. Ils prétendent les monter comme des mouettes. Les jambes ne pouvant être fléchies du genou, ni être écartées du corps, ils les font sortir toutes droites de dessous la queue, comme les coqs des clochers. L'oiseau monté de cette façon révèle parfaitement à qui se fait une idée de l'harmonie naturelle, les épreuves antiphysiques qui lui sont imposées. Pour les grèbes et les plongeons, il faut, après avoir courbé les pattes, les renvoyer vers le dos, de manière qu'elles ressortent presque autant que le sacrum. C'est ainsi qu'elles existent dans l'oiseau en chair. Par cette disposition, les ailes s'appuient sur les cuisses et les recouvrent. (Pl. XII.) Le cou des grèbes à terre ne se casse jamais à la nuque, mais à une certaine distance du crâne de manière à serpenter un peu. Ce mouvement, en raccourcissant le cou, aide l'oiseau à maintenir son équilibre lorsqu'il se soulève. (Pl. XV.) Il faut autant que possible éviter les fils de fer trop gros pour obtenir toute la souplesse possible dans l'oiseau et donner toute liberté aux vertèbres cervicales. Dans les espèces qui ont la peau de la gorge extensible, comme les pélicans, les cormorans, etc., si l'on voulait occuper toute la peau par de la filasse, on produirait des monstres goîtreux, ce qui n'est pas rare dans les collections. Il n'y a qu'un moyen ; c'est d'imiter la nature qui réunit toute cette peau en la ridant sous les machoires comme d'ailleurs nous l'avons déjà dit pour tous les oiseaux en général. Ainsi la gorge se dessine et le larynx prend sa place à la distance voulue du palais.

On obtient une certaine perfectibilité du disque facial des rapaces nocturnes en ne détachant pas la peau des oreilles et des yeux. On peut enlever les chairs de la tête sans toucher la peau du tympan et vider l'œil extérieurement, en le coupant suivant le contour de l'iris ; on laisse la sclérotique, dont on retire tout le contenu liquide, attachée aux paupières, et on la remplit de filasse et de mastic pour l'empêcher de s'effondrer. On adapte ensuite les yeux de verre au trou sphérique laissé par la suppression de l'iris que les paupières contournent, et l'on obtient par ce moyen des yeux bien convergents comme les possèdent tous les rapaces nocturnes ; d'ailleurs, il est impossible de les obtenir lorsque la sclérotique a été enlevée de la cavité de l'œil et que les paupières en ont été détachées. Lorsque l'oiseau de nuit est au repos, ses yeux sont à moitié fermés, la peau de la tête revient sur le front et les aigrettes se dressent au-dessus des yeux en se rapprochant l'une de l'autre. Les soies qui recouvrent la bouche se soulèvent vers les yeux, laissant voir les commissures du bec ; ce qui donne à l'oiseau la physionomie d'un satyre. (Pl. XVI.) Qui n'a vu sur les trottoirs des avenues parisiennes un grand-duc dans une immobilité fantastique, appelant l'attention des passants sur le talent de son maître à extraire les cors aux pieds ?

Si, au contraire, l'oiseau nocturne est en mouvement, les yeux se dilatent, le disque facial s'épanouit, la peau de la tête redescend et les oreilles se rabattent. (Pl. XVII.)

On peut apprécier le même mouvement de peau sur la tête du neophron percnoptère. Quand l'oiseau est au repos, la peau se réunit par rides sur le front et les plumes subulées qui garnissent la face se relèvent de façon à l'encadrer en rayons. (Pl. XVIII.) Que l'oiseau soit inquiet ou en mouvement, immédiatement la peau se tend sur le crâne en se rabattant sur le cou et les plumes retombent en gerbes. (Pl. XIX.)

Les queues des petits rapaces nocturnes, râles, poules d'eau, hérons, étant composées de plumes très molles et à tuyaux très minces, pour empêcher qu'elles se tordent ou se mettent de côté, il faut, avant de monter son oiseau et de mettre les ailes en place, passer un fil de fer mince perforant le tuyau de chaque plume.

Les oiseaux plongeurs ont le corps plat et large. Vus du dos et de face, ils offrent une assez grande surface, tandis que de profil ils présentent un corps menu et effilé. De là, la nécessité de peu bourrer le dos et d'empêcher la peau de s'étendre aux parties inférieures. Ici encore, la carcasse est d'un grand secours : cependant il est nécessaire, en ficelant l'oiseau, d'appuyer toujours sur la poitrine et le ventre, en employant tous les moyens de pression susceptibles de renvoyer la peau, de manière à aplatir l'oiseau autant que le squelette l'indique par l'arête du sternum. Le contraire est à observer pour les oiseaux de marais dont le corps est très comprimé.

Nous avons cru utile de joindre à cette notice, pour faciliter l'étude des physionomies très différentes et parfaitement caractérisées dans l'ordre des accipitres, une série de têtes de tous les genres de rapaces. Cette étude consciencieusement faite sur nature guidera sûrement l'amateur pour la pose des yeux et l'expression des oiseaux.

Nous bornerons notre travail à ces observations. Si nos études doivent jamais avoir le moindre succès auprès de ceux qui ne sont pas encore endurcis dans les vieilles traditions de l'empaillage, nous n'en demanderons qu'une très petite part, réservant la plus grande à qui elle revient de droit : à M. Bonjour, de Nantes, notre excellent ami et conseil.

SAINT-QUENTIN. — IMPRIMERIE J. MOUREAU ET FILS.

Pl. 1.

Vautour arrian

Pl. II.

Balbusard fluviatile

Pl. III

Buse pattue.

Héron garzette.

Pl. V.

Aigle impérial (jeune)

Pl. VI.

Buse des déserts (jeûne)

Pl. VII.

Epervier ordinaire

Chouette chevêche

Buse des déserts

Pl. X.

Courlis cendré

Pl. XI.

Chevalier arlequin

Pl. XII.

Grèbe huppé

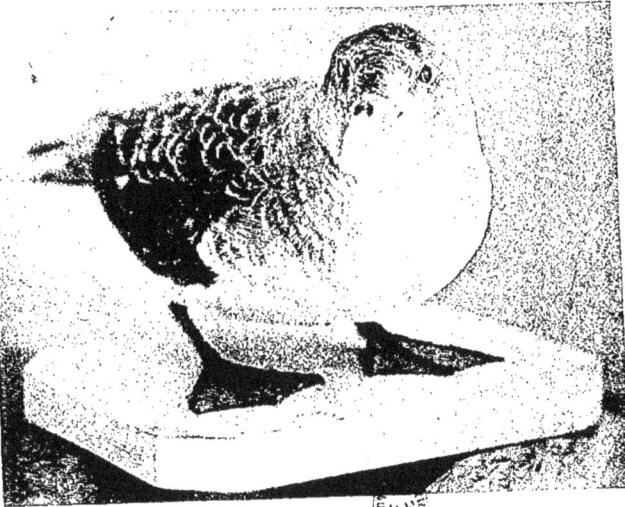

Pl. XIII.

Puffin cendré

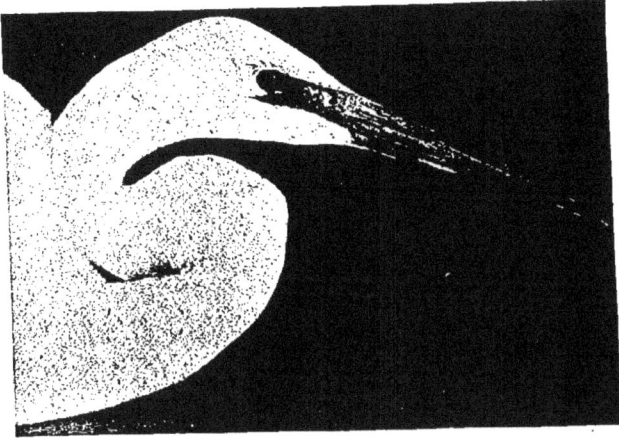

Pl. XIV.

Aigrette blanche

Pl. XV.

Grèbe castagneux

Pl. XVI.

Hibou brachyote

Pl. XVII.

Hibou brachyote

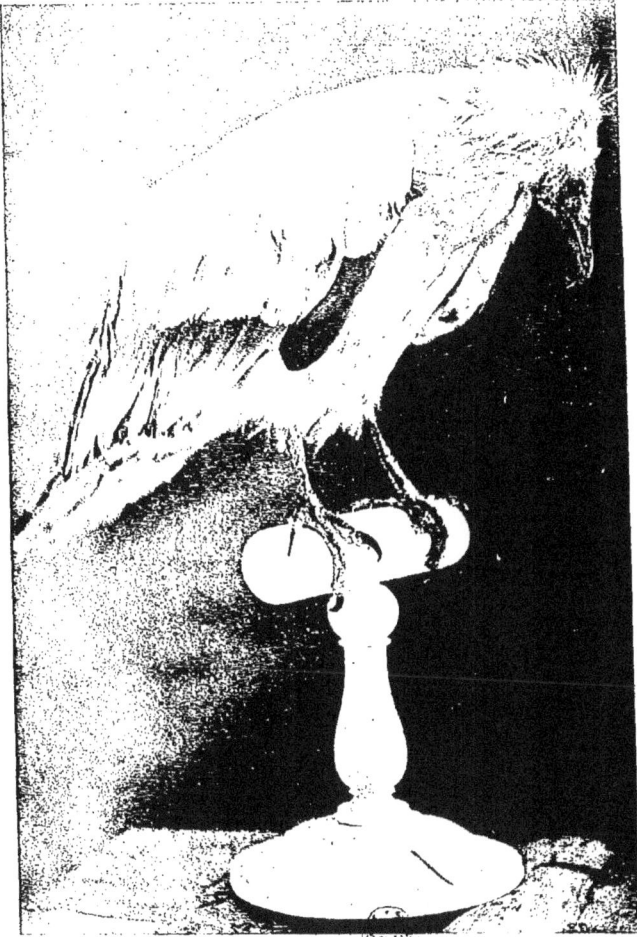

Néophron percnoptère

Pl. XIX.

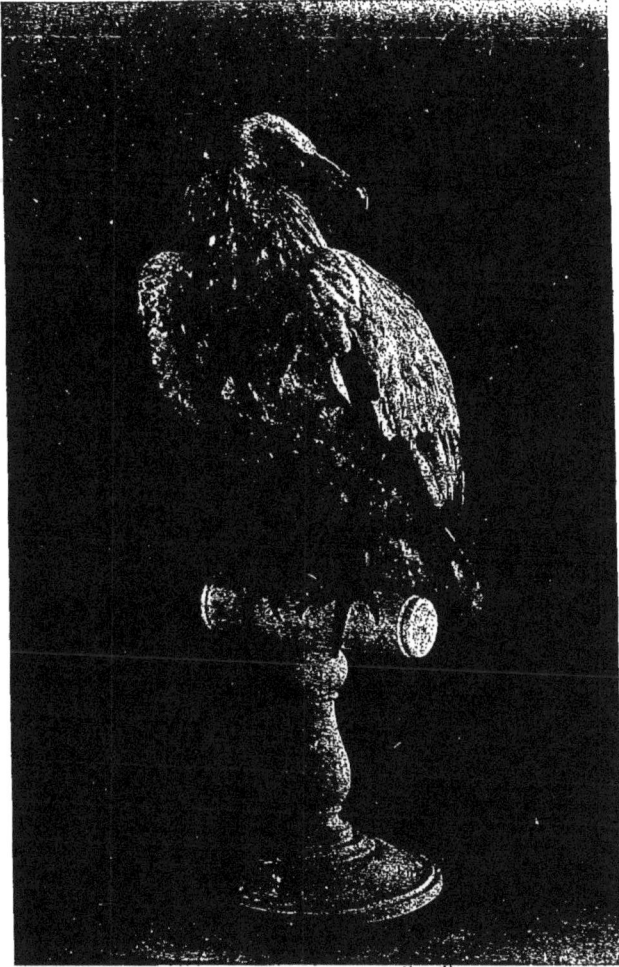

Néophron percnoptère